DER BAHAMA-ANOLIS
ANOLIS SAGREI

Iris Zeilfelder & Uwe Bartelt

Männchen des Bahama-Anolis im Biotop Foto: Y. Klesius

Inhalt

Bildnachweis:
Titel: Bahama-Anolis Foto: K. Kunz
Kleines Bild: Bahama-Anolis mit aufgestellter Kehlfahne Foto: A. Fläschendräger
Seite 1: Bahama-Anolis Foto: A. Fläschendräger

ISBN 10: 3-937285-62-8 ISBN 13: 978-3-937285-62-7

Natur und Tier - Verlag GmbH
An der Kleimannbrücke 39/41
48157 Münster
www.ms-verlag.de

Geschäftsführung: Matthias Schmidt
Lektorat: Kriton Kunz & Heiko Werning
Layout: Ludger Hogeback – hohe birken
Druck: Druckhaus Fromm, Osnabrück

Vorwort

VIELE Menschen sind heutzutage von der bunten Welt der Terraristik begeistert. Ein Besuch im Zoo, ein Schlendern durch die Terraristikabteilung großer Zoo-Center oder Baumärkte lassen schnell den Wunsch entstehen, selbst so ein Stück Natur im „Glaskasten" sein Eigen nennen zu können.

Erste Erkundigungen werden eingezogen, und so mancher Traum zerplatzt wie eine Seifenblase. Die oft leuchtend grün gefärbten Taggeckos sind teuer in der Anschaffung und häufig nicht einfach zu pflegen. Noch schwieriger ist die Haltung der skurrilen Chamäleons, und der Erwerb einer Landschildkröte mit entsprechendem technischen Equipment sprengt so manchen Geldbeutel.

Somit erscheint der Traum vom eigenen kleinen Urwald im Wohnzimmer erst einmal in weite Ferne gerückt. Doch gibt es genau so spannende Pfleglinge, die weniger kostspielig und nicht ganz so anspruchsvoll in der Haltung sind. Zu diesen Tieren zählen der

Ein ideales Terrarientier: der Bahama-Anolis Foto: Y. Klesius

Die Kehlfahnen der Anolis dienen nicht nur der innerartlichen Kommunikation, sondern auch der Abgrenzung gegenüber anderen Anolis-Arten. Foto: Y. Klesius

beliebte Rotkehlanolis (*Anolis carolinensis*) und der ebenso bekannte Bahama-Anolis (*Anolis sagrei*).

Nichts ist faszinierender als eine gesunde Gruppe von Bahama-Anolis in einem artgerecht eingerichteten Terrarium. Die sehr lebhaften, tagaktiven Tiere zeigen sich nach der Eingewöhnung wenig scheu und können gut beobachtet werden.

Sie erweisen sich im Terrarium als langlebig, verzeihen auch kleinere Haltungsfehler und schreiten bei guten Bedingungen bereitwillig zur Fortpflanzung, kurzum, sie bereiten dem Besitzer sehr viel Freude.

Aufgrund ihrer geringen Körpergröße benötigen Bahama-Anolis keine allzu großen Terrarien und sind somit eigentlich die idealen Tiere zum Einstieg in die Terraristik.

Auch wenn diese Echsen fast schon zum Standardangebot im Tierhandel gehören, wird noch immer viel zu oft schlecht oder gar falsch beraten. Sehr viele Anolis kommen durch nicht artgerechte Haltung und mangelhafte Pflege zu Tode.

Unser Ziel ist es, mit diesem Buch bei der artgerechten Haltung und Nachzucht von *Anolis sagrei* Hilfe zu leisten und einige Anregungen und Vorschläge zur Umsetzung zu geben.

Iris Zeilfelder & Uwe Bartelt
Malsch & Voerde,
im Frühjahr 2006

Beschreibung

DER Bahama-Anolis oder Braune Anolis besitzt einen gestreckten Körperbau mit wohlentwickelten Gliedmaßen und einen überkörperlangen Schwanz. Er gehört zu den „hochköpfigen“ Anolis-Arten und hat eine stumpfe Schnauze. Männchen erreichen eine Kopf-Rumpf-Länge (KRL) bis 65 mm (Gesamtlänge [GL] bis 180 mm), Weibchen werden bis 43 mm (KRL) bzw. 130 mm (GL) groß.

Anolis sagrei ist eine Echse mit überwiegend brauner Färbung, die von Schokoladenbraun bis Hellgraubraun variieren kann. Manchmal werden auch Rottöne gezeigt. Die Tiere können sich ebenso wie die meisten anderen Anolisarten entsprechend den Gegebenheiten farblich verändern. Diese Eigenschaft sowie die „chamäleonartigen“, unabhängig voneinander beweglichen Augen haben den Anolis auch schon den Namen „Amerikanisches Chamäleon“ zukommen lassen.

Die Männchen tragen auf Rücken und Flanken eine hellbraune bis dunkelgelbe Zeichnung aus Rauten und Winkeln. Ab der Schwanzwurzel verschwindet die Zeichnung langsam. Die Seiten sind einfarbig hellbraun. Bei Tieren, die balzen oder ihr Revier verteidigen, verstärken sich die Kontraste der Färbung, und an den Seiten werden gelbe Punkte sichtbar. Bei Erregung können die Tiere einen bis zu 4 mm hohen Rückensaum aufstellen.

Erwachsenes Männchen mit stark ausgeprägtem Rücken- und Nackenkamm Foto: K. Kunz

Weibchen besitzen gewöhnlich eine markante, helle Rückenlinie mit einer an beiden Seiten des Rückrates verlaufenden Rautenzeichnung, die sich vom Kopf bis weit auf den Schwanz zieht. Hin und wieder finden sich jedoch weibliche Tiere mit „typisch" männlicher Zeichnung im Handel, was die Geschlechtsunterscheidung gerade bei Jungtieren nicht einfach macht.

Beide Geschlechter besitzen eine Kehlfahne, die mit Hilfe des Zungenbeins gespreizt werden kann. Die Färbung dieser Kehlfahne ist leuchtend rot bis rotbraun mit eingestreuten, feinen schwarzen Schuppen, die Umrandung ist gelb. Die Kehlfahne der Weibchen ist allerdings deutlich kleiner.

Auch ist beiden Geschlechtern eine weiße bis beige gefärbte Bauchseite eigen.

Eine besondere Eigenschaft der Reptilien ist, dass ihre äußere, mit Hornschuppen bedeckte Hautschicht nicht in der Lage ist, mit den Tieren mitzuwachsen, was dazu führt, dass sie sich in gewissen Zeitabständen häuten müssen. Das bedeutet, dass sich unter der vorhandenen obersten Hautschicht eine weitere, etwas größere Haut bildet. Sobald diese voll entwickelt ist, wird die alte Haut abgestoßen, was sich mit einer Eintrübung der Farben und einem „Grauwerden" der Haut ankündigt.

Oft werden die Reste alter Haut mit dem Maul abgezogen und auch verzehrt.

WUSSTEN SIE SCHON?

Anolis werden auch Saumfinger genannt. Dieser Name beschreibt das Charakteristikum, dass die Unterseiten der Finger und Zehen Haftlamellen tragen, ähnlich wie die Füße der Geckos. Dies ermöglicht ihnen ein sicheres Laufen auf glatten Untergründen, wie z. B. Blättern und Glas. Zusätzlich verfügen sie über gut entwickelte Krallen, mit denen sie sich schnell und sicher auch auf rauem Untergrund wie Ästen oder Steinen fortbewegen und festhalten können.

Die „Saumfinger" ermöglichen den Bahama-Anolis (hier ein Männchen) das Klettern an glatten Flächen. Foto: M. Bleisch

Systematik

Die Aufteilung der Saumfinger in verschiedene Gattungen ist umstritten. Foto: Y. Klesius

EIN immer noch strittiges Thema ist die richtige Gattungsbezeichnung für den Braunen Anolis. Manche Taxonomen stellen ihn, wie auch viele andere Anolis, in die Gattung *Norops*. Derzeit scheint sich aber wieder die Einordnung in *Anolis* durchzusetzen. Auch die familiäre Stellung ist umstritten. Wäh-

Systematik des Bahama-Anolis nach konventioneller Auffassung:

Klasse:	Reptilia (Kriechtiere)
Ordnung:	Squamata (Schuppenkriechtiere)
Unterordnung:	Sauria (Echsen)
Überfamilie:	Iguania (Leguanartige)
Familie:	Iguanidae (Leguane)
Unterfamilie:	Polychrotinae (Anolisartige)
Gattung:	*Anolis* (Anolis, Saumfinger)
Art:	*Anolis sagrei* (Bahama-Anolis)

rend vor allem in der Alten Welt an der „klassischen“ Ordnung aller Leguanartigen in die Familie Iguanidae festgehalten wird, in die dann die Anolis-Verwandtschaft in die Unterfamilie Polychrotinae gehört, betrachten andere Wissenschaftler diese Gruppe als eigene Familie Polychrotidae.

Die gesamte Gattung der Anolis umfasst derzeit ca. 330 Arten, die den amerikanischen Doppelkontinent besiedeln. Das Verbreitungsgebiet erstreckt sich vom Süden der USA (nördlichstes Vorkommen) bis in den Nordosten von Paraguay. Die größte Artenvielfalt lebt auf den Antillen. *Anolis sagrei* selbst wurde mehrfach verschleppt und in der Zwischenzeit sogar in Taiwan nachgewiesen.

Ebenso unterschiedlich wie das geografische Vorkommen ist auch die Lebensweise einzelner Anolisarten. Man unterscheidet Bodenanolis, die vorwiegend in der Laubschicht leben (z. B. *Anolis barbouri*), Grasanolis, die auch in Bodennähe vorkommen, aber meist in der Krautschicht und an Gräsern leben und einen sehr grazilen Körperbau aufweisen (z. B. *Anolis ophiolepis*), Wasseranolis, die in direkter Wassernähe leben und bei Gefahr ins nasse Element flüchten können (z. B. *Anolis vermiculatus*), Höhlenanolis, die direkte UV-Strahlung meiden, da ihre Haut sonst aufgrund ihrer in Anpassung an den speziellen Lebensraum besonderen Struktur Sonnenbrand erleiden könnte (z. B. *Anolis bartschi*), Geckoanolis, die eine ähnliche Lebensweise wie Geckos führen und in der Lage sind, Laute zu äußern (z. B. *Anolis lucius*), und Baumanolis, zu denen die meisten Arten zählen – sie bewohnen vorwiegend den Stamm- und Astbereich von Bäumen und Sträuchern sowie das Blattwerk. Der bekannteste Vertreter dieser arboreal lebenden Vertreter ist der Rotkehlanolis (*Anolis carolinensis*).

Anolis haben sowohl Riesen- wie auch Zwergformen entwickelt. Zu den größeren Arten gehört der bekannte und oft im Handel angebotene Ritteranolis (*Anolis equestris*), der eine GL von bis zu 550 mm erreichen kann. *Anolis pumilus* dagegen wird nur ca. 100 mm lang und gehört zu den Zwergen der Gattung.

Am nächsten verwandt ist *Anolis sagrei* mit *A. bremeri*, mit dem er auch häufig verwechselt wird. Beide Arten unterscheiden sich durch ihre gekielten Bauchschuppen von den ähnlichen Arten der *A.-homolechis*-Gruppe.

Verbreitung

ANOLIS *sagrei* stammt ursprünglich aus Kuba, doch seine Verbreitungsfreude hat ihn auch auf den Bahamas, Jamaika, in Florida, Mexiko (Yucatán), Belize, Guatemala und Honduras heimisch gemacht. In den USA sind die Tiere bis Florida, Georgia, Texas, Louisiana und Hawaii vorgedrungen, meist aufgrund von Verschleppung durch den Menschen. Die meisten der heutzutage importierten Tiere stammen aus Florida.

Lebensraum und Verhalten

OBWOHL Bahama-Anolis zu den Bodenanolis gezählt werden, halten sie sich gerne an senkrechten Ästen oder Zaunpfosten auf. Die Art lebt in offenen Biotopen und auf bewirtschafteten Flächen. Dort besiedeln die Tiere auch beispielsweise Legesteinmauern oder Schutthaufen. Als Kulturfolger kann man sie an den Hütten der Eingeborenen genauso beobachten wie in großen Parks oder Hausgärten, sie verschmähen noch nicht einmal die Pfosten von Verkehrsschildern, und etliche Tiere haben sich Verkehrsinseln der Städte zum Lebensraum auserkoren.

Wie alle Reptilien sind Anolis wechselwarme (poikilotherme) Lebewesen, d. h., sie sind nicht in der Lage, ihre Körpertemperatur durch Stoffwechselprozesse zu erhöhen. Vielmehr regeln sie ihre Körpertemperatur mittels der Umgebungstemperatur und nutzen besonders warme Orte bzw. die Sonnenstrahlen zum Aufwärmen, ziehen sich dann aber bei sehr hohen Temperaturen zum Abkühlen in schattige Bereiche zurück.

Die Männchen durchstreifen den ganzen Tag ihr Revier und besetzen erhöhte Plätze als Beobachtungsposten. Man sieht sie dann in ihrer typischen Körperhaltung mit dem Kopf nach unten sitzend und oft auffällig die Kehlfahne spreizend. Sie sind häufig in einer Höhe bis zu 1 m aufzufinden. Die Weibchen und Jungtiere halten sich in etwas tieferen Regionen auf. Im Terrarium wird man seine Anolis so gut wie nie auf dem Boden vorfinden. Die Weibchen suchen ihn eigentlich nur zur

Eiablage auf, und auch bei der Jagd nach Futtertieren wird meist eher ein kleiner Umweg in Kauf genommen, als direkt über den Bodengrund zu laufen.

Allen Aufenthaltsorten ist eines gemeinsam: Es handelt sich um sonnendurchflutete und sehr warme Standorte mit guter Luftzirkulation.

Das große geografische Verbreitungsgebiet von *A. sagrei* lässt schon erahnen, dass diese Art auch mit verschiedenen Klimata zurechtkommt. Der Braune Anolis kann unter Umständen, wie aus Florida berichtet, im Winter durchaus auch Temperaturen um den Gefrierpunkt überleben. Die Tiere schützen sich dann durch Eingraben in den Bodengrund oder Aufsuchen frostgeschützter Stellen vor dem Kältetod.

Ungewöhnlicher Lebensraum: Auch auf dem Friedhof von Havanna, Kuba, findet man *Anolis sagrei*. Foto: K. Kunz

Gesetzliche Bestimmungen

INTERnationale artenschutzrechtliche Bestimmungen, wie beispielsweise das Washingtoner Artenschutzabkommen (WA), finden bei *Anolis sagrei* keine Anwendung, da diese Art nicht als bedroht gilt und somit unter keinem speziellen Schutz steht. Jedoch gibt es in einigen der Länder innerhalb des Verbreitungsgebietes spezielle Schutzbestimmungen (z. B. auf Kuba).

Natürlich muss bei der Haltung der Echsen das Tierschutzgesetz beachtet werden, die Anolis müssen also artgerecht untergebracht und versorgt sein.

Im Mietrecht gelten kleine Echsen wie Anolis als „Kleintiere", deren Haltung vom Vermieter nicht untersagt werden kann (sofern nicht z. B. durch entwichene Futtertiere objektive Störungen in der Hausgemeinschaft auftreten). Trotzdem ist es empfehlenswert, vor der Anschaffung ein Gespräch mit dem Vermieter oder

Was beim Kauf zu beachten ist

DIE beste Lösung zum Erwerb von Bahama-Anolis ist der Kauf direkt beim Züchter. Dieser kann bei eventuell auftretenden Problemen mit Rat und Tat zur Seite stehen. Oft kann man sich auch die Einrichtung der Terrarien ansehen und viele wertvolle Ratschläge mitnehmen. Kontakt erhält man über Kleinanzeigen in Fachzeitschriften wie der REPTILIA (siehe „Weitere Informationen). Auch auf den zahlreichen Reptilienbörsen, deren Termine man ebenfalls der REPTILIA entnehmen kann, werden oft Nachzuchten offeriert.

Eine weitere Möglichkeit ist der Kauf im Fachhandel. Dort werden jedoch meist Wildfänge angeboten. Die Sterblichkeitsrate der frisch importierten Tiere ist oft sehr groß – schließlich wurden sie der Natur entnommen, oft unter schlechten bis sehr schlechten Bedingungen „aufbewahrt" und anschließend meist ohne Wasser und Nahrung auf die lange Reise geschickt.

Doch können Sie meist schon am Zustand der Terrarien sehen, ob es sich um einen seriösen Anbieter

der Hausgemeinschaft zu führen. So können evtl. bestehende Vorurteile schon im Vorfeld ausgeräumt werden.

Der Hafen von Havanna - wohl von hier aus haben die auch in menschliche Siedlungen vordringenden Bahama-Anolis ihre Eroberungzüge in die Welt gestartet. Foto: A. Fläschendräger

handelt. Die Wasserbecken müssen sauber sein. Es müssen Versteckplätze für die Tiere vorhanden sein, und es sollte eine ausreichende Beleuchtung und Belüftung geben. Zweckmäßig ist es, wenn auch Thermometer und Hygrometer im Becken angebracht sind.

Ein gesunder Brauner Anolis beobachtet seine Umgebung mit wachen Augen und reagiert auf einen Eingriff in seinen Lebensraum, so z. B. beim Öffnen der Terrarienscheiben, mit Flucht. Geschlossene oder eingefallene Augen sind ein ernst zu nehmendes Anzeichen für Unwohlsein und Krankheit.

Es sollten keine Häutungsreste vorhanden sein, und die Schwanzwurzel darf nicht eingefallen aussehen. Des Weiteren dürfen Augen, Nase und auch die Kloakenregion nicht verklebt sein. Achten Sie auch darauf, dass weder Wunden noch Außenparasiten zu erkennen sind. Die Tiere sollten gute Proportionen aufweisen. Aufgeblähte Bäuche sind ebenso untypisch für einen gesunden Anolis wie eine extrem eingefallene Bauchregion.

Transport und Quarantäne

WENN Sie nun geeignete Tiere gefunden haben, müssen diese sicher nach Hause transportiert werden. Am besten ist es, wenn der Käufer selbst schon einige Vorbereitungen trifft: Statten Sie geeignete, saubere Behälter (meist genügt eine „Heimchendose“) mit einem nur leicht befeuchteten Zellstoff (Küchentuch) aus. Bei kurzen Wegen können Sie auf das Anfeuchten verzichten. Händler stellen solche Transportdosen auch zur Verfügung, aber bei eigenen Behältern können Sie sicher sein, dass diese sauber und frei von Krankheitserregern sind. Im Handel dagegen werden die Dosen oft mehrfach benutzt. Für jedes Tier bereiten Sie einen eigenen Behälter vor und setzen die Echse dann hinein. Für den Heimtransport werden die Dosen in eine stabile Transportbox verbracht. Dies sollte am besten eine Styroporkiste sein, denn darin sind die Anolis vor starken Temperaturschwankungen geschützt. Besonders geeignet sind auch so genannte Kühlboxen. Bei sehr niedrigen Außentemperaturen muss die Transportbox zusätzlich beheizt werden. Diese Aufgabe können eine nicht zu heiße Wärmflasche oder ein so genannter Heatpack erfüllen. Beides wird in ein Handtuch eingewickelt, um eine gleichmäßigere Wärmeabgabe zu gewährleisten.

Wenn die neuen Mitbewohner zu Hause angekommen sind, dürfen sie nicht sofort ins eigentliche Terrarium gesetzt werden. Es wird vielmehr zuerst eine Quarantäne durchgeführt, während der Sie feststellen können, ob die Tiere tatsächlich gesund sind. Dies ist auch bei jedem Einbringen eines weiteren Exemplars in eine bereits vorhandene Gruppe zu beachten. Nichts wäre schlimmer, als wenn man sich durch Vernachlässigen dieser Maßnahme Krankheiten und eventuell den Verlust liebgewonnener Tiere zumutet.

Ein Quarantänebecken ist recht spartanisch eingerichtet. Der Bodengrund sollte aus Küchenpapier bestehen, um ihn möglichst bequem austauschen zu können. Auch lässt sich so die Beschaffenheit des abgesetzten Kotes besser beobachten. Einige Klettermöglichkeiten und künstliche oder echte Pflanzen sowie ein Wassernapf ergänzen die Aus-

Es werden hier mit voller Absicht keine allgemeinen Angaben zu Wattstärken der Beleuchtungsmittel gemacht, da das Erreichen der notwendigen Temperaturen von vielen Faktoren abhängt (siehe „Einrichtung des Terrariums"). Im Wohnzimmer z. B. ist die Grundtemperatur meist höher als in einem Arbeitszimmer. Trotzdem ist es auch in einem warmen Raum nötig, für ausreichende Beleuchtung zu sorgen.

In früheren Jahren war der Einsatz einer oder mehrerer Leuchtstoffröhren, kombiniert mit einem oder zwei Spots (ca. 40 W) zum Aufwärmen bzw. als Sonnenplatz, die Regel. Heutzutage verfügt der interessierte Terrarianer über eine ungleich größere Auswahl bei den Beleuchtungsmitteln. Moderne HQL- oder HQI-Leuchten, CDM-R- oder CDM-TC-Lampen ermöglichen eine größere Lichtfülle bei gleichem oder ge-

DER PRAXISTIPP

Ein Beispiel für die Beleuchtung eines 60 x 50 x 80 cm großen Terrariums möchten wir dennoch geben. Das Becken ist mit einem aufgebauten Beleuchtungskasten versehen, der wie folgt bestückt ist: 1 Leuchtstoffröhre 15 W, 3 x 20-W-Halogenspots im hinteren Bereich und vorne 2 x 40-W-„Concentra"-Spots. Dies führt zu einem Temperaturgefälle von 20 °C im Bodenbereich bis zu 40 °C auf den beiden sehr nahe unter den Spots angebrachten Ästen.

Verschiedene Pflanzen, die in das Terrarium von *Anolis sagrei* eingebracht werden können Foto: U. Bartelt

Typische Sitzposition von Bahama-Anolis im Freiland. Entsprechende Möglichkeiten sollten die Tiere auch im Terrarium haben. Foto: Y. Klesius

DER PRAXISTIPP
Überprüfen Sie die Genauigkeit der von Ihnen verwendeten Hygrometer und Thermometer. Wickeln Sie das Hygrometer in feuchten Stoff ein und legen sie es an einen warmen Ort. Nach ca. einer Stunde sollte es eine Luftfeuchtigkeit von 99 % anzeigen. Ist dies nicht der Fall, kann es bei analogen Geräten in den meisten Fällen mit Hilfe einer Justierschraube auf der Rückseite auf den genannten Wert eingestellt werden. Thermometer werden zusammen mit einem Fieberthermometer erst an lauwarmem Wasser erprobt – man vergleicht, ob beide dieselbe Temperatur anzeigen. Anschließend prüft man, ob die gemessenen Werte auch bei ca. 40 °C warmem Wasser nicht voneinander abweichen.

ringerem Stromverbrauch. Trotzdem dürfen Spots zur Einrichtung von Wärmeplätzen nicht vergessen werden. Die Grundtemperatur des Terrariums sollte sich bei ca. 25 °C einpendeln. Am Boden müssen die Werte niedriger liegen und an den Sonnenplätzen bis zu 40 °C erreichen.

Schwartz & Hernderson (1991) geben als durchschnittliche Körpertemperatur der Bahama-Anolis 33 °C an. Dies bedeutet allerdings nicht, dass die Temperatur im Terrarium durchgehend 33 °C betragen sollte – die Tiere benötigen wärmere Bereiche, um sich aufzuwärmen, und kühlere Bereiche, um sich zurückzuziehen.

Braune Anolis bevorzugen tagsüber eine relative Luftfeuchtigkeit von 40–50 %. Nachts sollte diese auf ca. 70 % ansteigen. Dies erreicht man durch ein- bis zweimaliges tägliches Besprühen der Terrarieneinrichtung. Die Anolis lecken dann auch die Wassertropfen von den Blättern und stillen so ihren Durst. Zusätzlich sollte auch ein kleines Wassergefäß im Terrarium bereitgestellt werden. Dieses wird idealerweise täglich gereinigt und wieder frisch befüllt.

Eine einfache Kontrolle der Temperatur und der relativen Luftfeuchtigkeit gewährleisten entsprechende Thermometer und Hygrometer. Diese sollten an einem gut einsehbaren Ort angebracht werden, ungefähr auf halber Höhe, nicht aber im Strahlungswinkel eines Leuchtmittels – lediglich zur Messung der dort herrschenden Werte kann man es kurz dort platzieren.

Wie schon erwähnt, ist *Anolis sagrei* aufgrund der Beschaffenheit seiner Füße in der Lage, sich sowohl an glatten Flächen wie auch auf rauem Untergrund, z. B. Korkeichenrinde, sicher zu bewegen. Trotzdem bevorzugen die Tiere Äste, Zweige und auch Blätter als Aufenthaltsort.

Mit solchen Sprühgeräten sorgt man für die nötigen „Niederschläge" im Anolis-Terrarium. Foto: I. Zeilfelder

Einrichtung des Terrariums

OPTIMAL für den Bahama-Anolis sind Becken ab einer Höhe von 60 cm. Es können handelsübliche Terrarien verwendet werden, mit einer Lüftungsfläche aus Lochblech vorne unter der Führung der Terrarienscheiben und einer ausreichend großen Lüftung (mindestens 10 cm) oben im Deckel – am besten erweitern Sie die Lüftung, wie oben beschrieben. Bedenken Sie beim Aufstellen des Terrariums im Zimmer, dass direkte Sonneneinstrahlung sehr schnell zu Überhitzung führen kann. Der Standort sollte daher so gewählt werden, dass er nicht über einen längeren Zeitraum

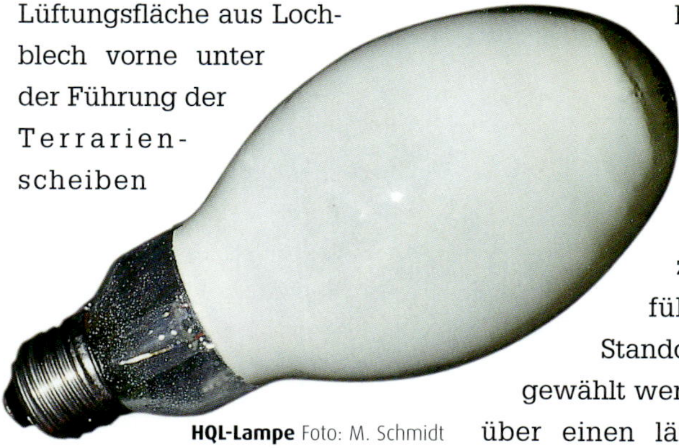

HQL-Lampe Foto: M. Schmidt

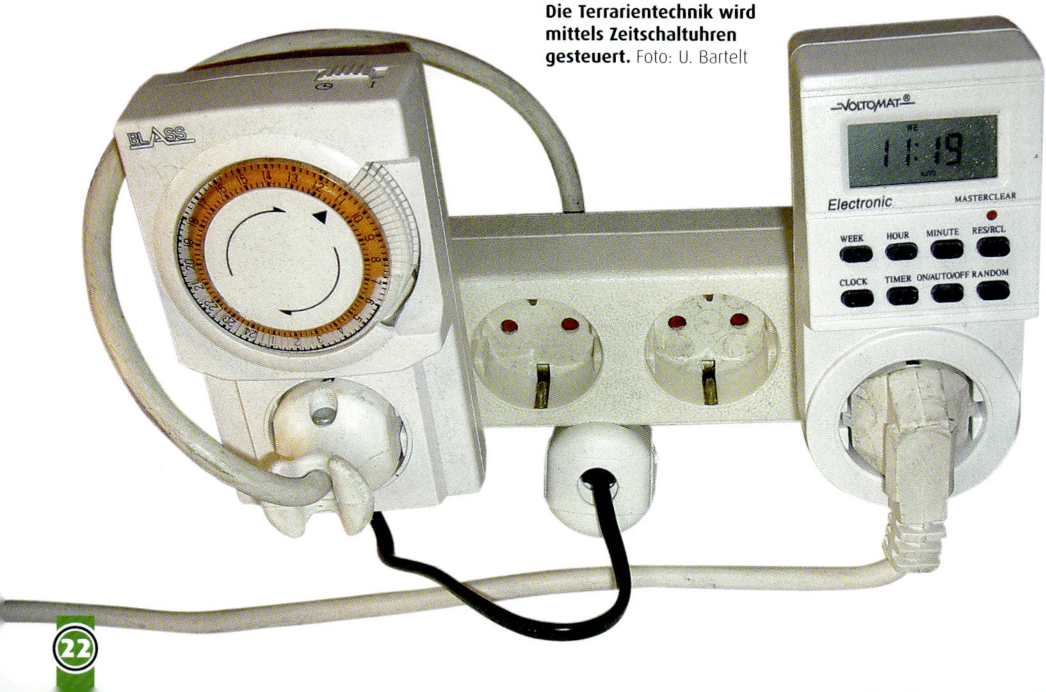

Die Terrarientechnik wird mittels Zeitschaltuhren gesteuert. Foto: U. Bartelt

Vollständig eingerichtetes Terrarium für Bahama-Anolis. Der Strahler zur Schaffung eines „Sonnenplatzes" ist durch Drahtgaze geschützt, damit die Echsen ihn nicht berühren können. Foto: M. Bleisch

Ein Bahama-Anolis „sonnt" sich im Terrarium. Foto: I. Zeilfelder

völlig in der Sonne liegt. Auch sollte ein Terrarium nie an einem zugigen Ort platziert werden. Achten Sie überdies darauf, dass ein vollständig eingerichtetes Terrarium ein beträchtliches Eigengewicht hat. Es muss also auf einen stabilen Unterbau gestellt werden, und auf das Unterlegen von Styroporplatten oder extra für Terrarien hergestellten Unterlegmatten kann nicht verzichtet werden. Diese schützen das Terrarium bis zu einem gewissen Maß vor Erschütterungen und Unebenheiten des Unterbaus, die zum Platzen der Bodenscheibe führen können.

Die technische Ausstattung des Terrariums richtet sich nach dessen Größe, nach dem Material und dem Verhältnis von Grundfläche zu Höhe. Wenn Sie Strom führende Teile, z. B. Leuchtstoffröhren, Spots, Heizsteine etc., innerhalb des Terrariums betreiben, benötigen Sie eine Absicherung mittels FI-Schalter.

Die Beleuchtung des Terrariums sollte sich aber möglichst außerhalb des Beckens befinden. Es wird eine Grundbeleuchtung benötigt, die ein zufriedenstellendes Pflanzenwachstum und eine ausreichende Helligkeit im Terrarium gewährleistet. Hierzu eig-

stellbar ist. Diese Zeit kann man sehr gut nutzen, um schon einmal das Becken ohne Einrichtung und Dekoration Probe laufen zu lassen sowie um Temperaturmessungen vorzunehmen.

Wenn alle technischen Einbauten abgeschlossen sind, kann das Terrarium eingerichtet werden.

Als Bodengrund eignen sich spezieller Terrarienhumus oder ungedüngte Blumenerde (Anzuchterde), die mit Sand vermischt wurden. Es kann aber ebenso Walderde als Bodengrund verwendet werden.

Da bei der Pflege von Terrarientieren sehr auf Hygiene geachtet werden muss, hat sich die Impfung des Bodengrundes mit Springschwänzen, Weißen Asseln oder einigen anderen kompostierenden Tierchen aus der Natur als vorteilhaft erwiesen. Die Bereicherung des Speisezettels wird gerne von den Anolis angenommen, und die natürliche Beseitigung der Exkremente erleichtert dem Pfleger die täglichen Arbeiten.

Der Bodengrund sollte von feucht bis annähernd trocken verschiedene Zonen bieten und an einigen Stellen ca. 10 cm Höhe aufweisen, um den Weibchen die Möglichkeit zu gewähren, ihre Gelege optimal einzugraben. Im trockenen Bereich, der sich unter einem Spot befinden sollte, kann auch ein Steinaufbau aus künstlichen oder echten Steinen positioniert werden. Es sollte allerdings darauf geachtet werden, dass auch bei Untergraben durch die Tiere nichts einstürzen kann. Der feuchtere Bereich des Bodens wird gerne von den Weibchen zur Eiablage benutzt. Oft werden die Eier auch in Blumentöpfen der Bepflanzung abgelegt.

Terrarien für Bahama-Anolis können attraktiv bepflanzt werden. Foto: I. Zeilfelder

Zur notwendigen Ausstattung eines sinnvoll eingerichteten Terrariums gehören etliche Kletteräste, z. B. dünne Korkeichenstämme, unbehandeltes Rebholz, Äste und Zweige von Robinie oder Obstbäumen sowie eine reiche Bepflanzung. Geeignete Pflanzen sind in jedem größeren Gartenmarkt und sogar in Baumärkten erhältlich. Es empfehlen sich feuchtigkeitsliebende Arten, die kein direktes Sonnenlicht benötigen, beispielsweise Farne, Bromelien wie z. B. *Aechmea, Billbergia, Guzmania, Neoregelia, Nidularium, Cryptanthus* und Tillandsien, die man auf einem Epiphytenstamm anbringt, sowie diverse Blattpflanzen wie *Philodendron scandens*, *Ficus pumila*, Tradescantien, *Peperomia, Fittonia, Calathea, Maranta* und *Spathiphyllum*.

DER PRAXISTIPP

Gekaufte Pflanzen können evtl. mit Pflanzenschutzmitteln behandelt sein. Denken Sie rechtzeitig daran, dass Sie zur Ausstattungen des Terrariums auch Pflanzen benötigen und kaufen Sie diese frühzeitig ein. Die Pflanzen werden dann gründlich abgespült und können nach einigen Tagen ins Terrarium gepflanzt werden.

Nach dem Einrichten des Terrariums sollte dieses zuerst mehrere Tage „eingefahren“ werden, damit sich ein gesundes Mikroklima entwickeln kann. Diese Zeit wird benutzt, um nochmals an

Auch Korkeichenstücke eignen sich gut zur Strukturierung des Terrariums Foto: M. Bleisch

Klettermöglichkeiten werden von den Anolis rege genutzt. Foto: M. Bleisch

Männlicher Bahama-Anolis auf einem „Ausguckplatz" Foto: M. Bleisch

verschiedenen Stellen Luftfeuchte und Temperatur zu messen. Eventuell muss bei suboptimalen Werten teilweise neu eingerichtet oder einfach nur umgestaltet werden.

Diese Zeit kommt auch den Pflanzen zugute. Sie können sich an die neue Umgebung gewöhnen und anwachsen. Oft tritt in den ersten Tagen und Wochen eine leichte Schimmelbildung auf. Der Schimmel verschwindet gewöhnlich aber von selbst wieder. Sollte er sich allerdings ausbreiten, muss für bessere Be- und Entlüftung gesorgt werden – eventuell sollte man dann weniger sprühen.

Ausführliche Anleitungen zur Einrichtung von Terrarien finden Sie bei WILMS (2004).

DER PRAXIS-TIPP

Um Äste und Zweige vor starker Durchfeuchtung zu schützen, kann man das Ende, das in die Erde gesteckt werden soll, mit Aquariensilikon wasserfest versiegeln.

Ernährung

BAHAMA-Anolis ernähren sich überwiegend carnivor – sie fressen Wirbellose. In seltenen Fällen wird aber auch süßer Obstbrei angenommen.

Zum Speisezettel der Anolis gehören beinahe sämtliche Wirbellosen, die sie bewältigen können. Im Futtertierhandel wird inzwischen eine recht beachtliche Auswahl an entsprechenden Insekten angeboten. Es eignen sich Heimchen, alle Arten von Grillen, Fliegen, Wachsmotten und deren Larven, Schaben, Mehlwürmer, kleine *Zophobas*, Buffalowürmer, Ofenfischchen, Weiße Asseln, diverse Spinnen und selbst gefangenes „Wiesenplankton", wobei natürlich darauf geachtet werden muss, dass keine unter Naturschutz stehenden Arten verfüttert werden. Auch muss darauf geachtet werden, dass das Wiesenplankton nicht in der Nähe viel befahrener Straßen oder mit Spritzmitteln behandelter Flächen entnommen wird.

Es ist günstiger, mehrere kleine Futtertiere anzubieten als wenige große. Auch muss bedacht werden, dass die von uns angebotenen Insekten an sich keinesfalls den Ansprüchen der Tiere genügen – in der Natur haben die Anolis eine ungleich größere Auswahl an geeigneten Futtertieren. Viele Hautflügler und Kleinschmetterlinge gehören zur bevorzugten Nahrung, ebenso wie verschiedenste Spinnenarten. Da wir eine solche Nahrungsvielfalt nicht anbieten können und auch die Futtertiere nicht immer mit deren natürlicher Nahrung versorgen können, ist es unbedingt notwendig, sie mit einem geeigneten Vitamin-Mineralstoff-Präparat zu

Auch „Wachsmaden" werden gern gefressen.
Foto: K. Kunz

Fruchtfliegen sind vor allem für Jungtiere ein ideales Futter und können in solchen Gläsern mit geeignetem Futterbrei und Holzwolle leicht selbst gezüchtet werden. Foto: U. Bartelt

bestäuben. Wir verwenden abwechselnd „Korvimin ZVT + Reptil" und „Reptivite", jedoch eignen sich auch ähnliche Präparate. Bei jeder zweiten Fütterung erwachsener Tiere wird eine geeignete Menge des Pulvers in einen leeren Behälter gegeben. Die Futtertiere werden in diesen Behälter verbracht, und anschließend wird alles sachte geschüttelt, bis die Insekten mit dem Präparat eingestäubt sind.

„Korvimin ZVT + Reptil" kann bei jedem Tierarzt bezogen werden. Zusätzlich sollte alle 14 Tage ein gutes Flüssigpräparat verabreicht werden, das die Vitamine A, D_3, C, E, B_1, B_2, B_6 und B_{12} enthält (erhältlich in der Apotheke oder beim Tierarzt). Am geeignetsten sind Präparate, die mit einer Membran verschlossen sind. Diese Membran verhindert ein Verderben der empfindlichen Inhaltsstoffe und wird zur Entnahme mit einer dünnen Spritze durchstochen. Anschließend wird ein kleines Tröpfchen des Präparates auf ein Futtertier geträufelt und dieses mit der Pinzette gereicht.

DER PRAXISTIPP

Sehr gerne werden alle fliegenden Futtertiere angenommen. Sie können im Angelgeschäft eine Dose Fliegenlarven kaufen und die Fliegen schlüpfen lassen. Diese erhalten dann einige Tage einen Futterbrei aus Quark oder Milch, gesüßt mit Honig, der mit etwas Vitaminen und Mineralstoffpräparaten verrührt wurde. Damit die Fliegen an dieser Substanz nicht kleben bleiben, wird das Ganze mit Haferflocken oder Semmelbröseln angedickt. Um nicht zu viele Fliegen auf einmal zu erhalten, teilt man die Puppen oder Larven portionsweise auf und stellt die nicht benötigten kühl.

Erwachsene Tiere erhalten ungefähr jeden zweiten Tag 3–4 kleine Heimchen (6–7 mm), Jungtiere werden jeden Tag gefüttert, und ihre Nahrung wird bei drei Fütterungen zwei Mal mit entsprechenden Präparaten eingestäubt.

DER PRAXISTIPP

Im Fachhandel erworbene Futtertiere sollten nach dem Kauf in vorbereitete Behälter (z. B. Plastikterrarien) umgesetzt werden. Dort werden ihnen Schälchen mit Obst, Gemüse, Fischfutterflocken, Katzentrockenfutter, Sepiaschale und verschiedenen zerkleinerten Getreidearten angeboten. Um die Versorgung der Futtertiere mit Wasser sicherzustellen, verwenden wir Dochttränken. So versorgte Futtertiere leben nicht nur länger, sie sind auch wesentlich „gehaltvoller".

Erwachsene Anolis erjagen auch relativ große Beutetiere. Foto: Y. Klesius

Fliegenmaden teilt man in kleine Portionen und lässt sie sich verpuppen, später füttert man die geschlüpften Fliegen an und verfüttert sie dann an die Anolis. Foto: U. Bartelt

Auch bei Jungtieren legen wir einmal in der Woche einen Tag Fastenpause ein. Viele unserer Terrarientiere leiden unter Bewegungsmangel und Verfettung. Diese führt unweigerlich zu erheblichen Belastungen des Organismus und damit auch zu Krankheiten.

Eine sehr gute Methode zur Überwachung der aufgenommenen Menge an Futtertieren und der Zusätze ist die Fütterung per Pinzette. Doch sollten wir nicht außer Acht lassen, dass sich unsere Tiere im Terrarium weniger bewegen

Fliegende Insekten werden mit besonderer Begeisterung gejagt. Foto: Y. Klesius

als in der Natur. Eine ausschließliche Fütterung per Pinzette führt zu Reizarmut und ist nicht artgerecht. Es sollten also immer noch einige Futtertiere zum Selbstjagen einfach in das Terrarium entlassen werden.

Des Weiteren bieten wir geriebene oder in feine Stücke gebrochene Sepiaschale zur freien Verfügung an. Diese wird in kleinen Schälchen in das Terrarium gestellt und dient der Versorgung mit Kalzium.

EIN BEISPIEL EINES FÜTTERUNGSPLANS FÜR AUSGEWACHSENE TIERE:

Montag: pro Tier ein bis max. zwei Mehlwürmer, eingestäubt
Dienstag: Futterpause
Mittwoch: Rund sechs Ofenfischchen pro Tier oder 1-2 mittlere Grillen bzw. Heimchen
Donnerstag: Futterpause
Freitag: pro Tier 1-2 Wachsmottenlarven oder 1-2 mittlere Grillen bzw. Heimchen, eingestäubt
Samstag: einige Fliegen oder 1-2 Schaben
Sonntag: Futterpause

Kleine Heimchen eignen sich gut als Aufzuchtfutter. Foto: I. Zeilfelder

Gesunderhaltung und Vorbeugung von Krankheiten

BEHANDLUNG von Krankheiten sind oft eine schwierige Situation für Tier und Halter, und daher ist in aller Regel der Besuch beim reptilienkundiger Tierarzt für beide Seiten die bessere Alternative. Lediglich bei kleineren Problemen kann man auch zunächst selbst versuchen zu helfen.

Ein wichtiger Aspekt bei der Haltung und Pflege von Echsen ist das Beobachten der natürlichen Verhaltensweisen.

Wie oben beschrieben, häuten sich alle Echsen in gewissen Abständen. Die Intervalle zwischen den einzelnen Häutungen sind abhängig vom Wachstum. Ein junges Tier wächst schneller und häutet sich demzufolge häufiger. Anolis wachsen wie alle Echsen bis zu ihrem Lebensende, allerdings ist dieses Wachstum bei alten Tieren für uns Menschen kaum noch zu erkennen. Eine bevorstehende Häutung kann man meist an einer Eintrübung der Haut erkennen. Bald reißt die alte Haut auf, meist am Kopf beginnend. Sie enthält wichtige Mineralstoffe (z. B. Keratine) und ist reich an Vitamin A.

Eine gute Ernährung, Beleuchtung und richtige Unterbringung sind die wichtigsten Faktoren, damit Anolis im Terrarium nicht erkranken. Foto: I. Zeilfelder

Tag hinziehen. Lassen Sie die Jungtiere einfach in Ruhe, denn jede vermeintliche Hilfe kann dazu führen, dass das Tier in Panik aus dem Ei „springt" und sich dabei eventuell vorhandene Reste des Dottersackes abreißt.

Der Schlüpfling ernährt sich im Ei vom Dottersack, und meist ist dieser Vorrat zum Schlupfzeitpunkt noch nicht ganz verbraucht. Die Bauchdecke des Jungtieres ist auch noch nicht geschlossen, und dem Tier muss die Zeit gelassen werden, den Dottersack zu resorbieren.

Wenige Stunden nach dem Schlupf findet die erste Häutung statt, und so lange sollte man das Jungtier auch in der Brutschale belassen. Die hohe Luftfeuchtigkeit im Brutbehältnis ist besonders bei frisch geschlüpften Jungtieren sehr hilfreich, um die-

Frisch geschlüpfter Bahama-Anolis Foto: Y. Klesius

Aufzuchtterrarium für junge *Anolis sagrei* Foto: I. Zeilfelder

DER PRAXISTIPP
Eine ausgezeichnete Pflanze für den Bodenbereich im Auzuchtterrarium ist *Maranta leuconeura*. Die Blätter des Pfeilwurz bedecken tagsüber den Boden wie ein Dach und bieten dadurch Sichtschutz von oben. Abends falten sich die Blätter nach oben, und schlafende Jungtiere können gut gefunden werden. Das Fangen der Schlüpflinge gelingt am besten nachts, wenn sie schlafen. Man findet sie mit Hilfe einer nicht zu hellen Taschenlampe an Stängeln oder öfter noch an Blattspitzen der Bepflanzung. Durch die niedrigere Nachtemperatur sind sie recht unbeweglich, und oft gelingt einem der Fang, bevor das Tier richtig aufgewacht ist.

se erste Häutung mit Erfolg zu bewerkstelligen.

Frisch geschlüpfte Baha-ma-Anolis haben eine ungefähre KRL von 15 mm und eine GL von ca. 33 mm.

Färbung und Zeichnung entsprechen denen der Eltern. Dies bedeutet auch, dass man gewöhnlich schon am Tag des Schlupfes eine Geschlechtsbestimmung durchführen kann.

Trotz aufmerksamer Beobachtung unserer Pfleglinge wird sicherlich das eine oder andere Ei im Terrarium verbleiben, und es kommt auch dort zum Schlupf der Jungtiere. Diese sollten unbedingt herausgefangen werden, da sie sonst in den beengten Verhältnissen eines Terrariums von den Elterntieren gefressen würden. Wie schon oben beschrieben, halten sich die juvenilen *Anolis sagrei* mehr im Bodenbereich auf. Um ihnen dort beste Deckung zu geben, verwendet man bodendeckende Pflanzen und

Schon bei den Jungtieren ist die geschlechtsspezifische Zeichnung (hier ein Weibchen) gut zu erkennen. Foto: Foto: Y. Klesius

Ein unbefruchtetes Ei („Wachsei") wurde vom Weibchen offen im Terrarium abgelegt. Foto: I. Zeilfelder

versieht auch den Bodenbereich mit ausreichend Wurzelholz.

Die Aufzucht der Jungtiere kann einzeln in Glasterrarien, aber auch anderen geeigneten Behältern („Faunaboxen" oder andere Kunststoffbehälter mit ausreichender Belüftung) erfolgen. Diese werden spartanisch, aber mit allen notwendigen Einrichtungsgegenständen wie bei erwachsenen Tieren ausgestattet.

Als Bodengrundersatz kann angefeuchtetes Küchenpapier verwendet werden. Geeignete kleine Äste und künstliche oder besser echte Pflanzen vervollständigen die Einrichtung, damit die Tiere sich wohl fühlen und sich auch verstecken können.

Die Anforderungen der Jungtiere an Temperatur und Luftfeuchtigkeit entsprechen denen der Adulti. Trotz vermeintlich ausreichender Vitamin- und Mineralstoffzufuhr kann es gelegentlich zu Krämpfen bei den Jungtieren kommen. In solchen Fällen kippen sie einfach vom Ast auf den Boden oder fallen scheinbar ohne Ursache um und liegen wie tot. Dies ist ein ernstes Zeichen für eine Unter-

Auch den Jungtieren tut im Sommer ein Aufenthalt im Freilandterrarium gut. Foto: Y. Klesius

versorgung mit Vitaminen der B-Gruppe! Hier hat sich das vorsichtige Massieren der Tiere mit einem weichen Pinsel auf dem Rücken bewährt. Die Massage wird vom Kopf in Richtung Schwanz ausgeführt und löst meist die Verkrampfung. Achten Sie auf eine gute Versorgung Ihrer Schützlinge mit den Vitaminen B_1, B_2, B_6 und B_{12}. Besonders gut eignen sich hierfür flüssige Präparate, die in der Apotheke erworben werden können.

In Terrarien mit der Mindestgröße von 30 x 30 x 40 cm kann die Aufzucht der Jungtiere auch in Gruppen erfolgen. Ein solches Aufzuchtterrarium muss natürlich mehrere Sonnenplätze bieten und über besonders viele Versteckmöglichkeiten verfügen. Zur Schaffung von Sonnenplätzen eignen sich besonders Halogenspots mit einer Leistung von 20 W, die einfach auf die Metallgaze der Lüftungsfläche gelegt werden. Wenn es in den kleinen Becken zu warm wird, können die Spots mittels Zeitschaltuhr je nach Bedarf (temperaturabhängig) ab- und eingeschaltet werden.

Bei Einzelaufzucht behält man eine bessere Kontrolle über die Tiere, doch haben wir den Eindruck, dass Junge, die in Gruppen aufgezogen wurden, besser fressen (Futterneid) und gedeihen. Allerdings kann es auch zu Ausfällen kommen, da man das einzelne Tier nicht mehr so gut beobachten kann.

Gerade den Jungen sollte eine abwechslungsreiche Kost geboten werden. Es eignen sich die gleichen Futtertiere wie bei den Adulti, jedoch müssen sie entsprechend winzig sein. Als Hauptnahrung für den Anfang werden Mikroheimchen, Mikrogrillen, *Drosophila*, Springschwänze, frisch geschlüpfte Mehlwürmer (in geringer Menge), kleine Wachsmottenlarven und Ofenfischchen gereicht. Auch ist der Einsatz von Wiesenplankton zu empfehlen.

Die Fütterung erfolgt anfangs täglich, bei einem Tag Futterpause in der Woche. Im Alter von ca. drei Monaten wird auf zwei Fastentage in der Woche umgestellt und mit entsprechendem Alter immer mehr an den Futterrhythmus der Adulti angeglichen.

Ein Bahama-Anolis erreicht die Geschlechtsreife ungefähr mit einem Alter von zehn Monaten, wobei die Männchen früher geschlechtsreif werden als die Weibchen.

Mit ungefähr 10 Monaten erreichen die Nachzuchten die Geschlechtsreife. Foto: M. Bleisch

Vergesellschaftung

IRGEND wann taucht immer wieder einmal die Frage nach einer „gelungenen Vergesellschaftung" von *Anolis sagrei* auf. Auch wir haben hin und wieder Anolis mit anderen Arten, z. B. Phelsumen (Taggeckos) oder Pfeilgiftfröschen gepflegt. Doch nach reiflicher Überlegung und einigen eigenen Erfahrungen lehnen wir diese Form der Haltung mittlerweile ab. Gerade die oft empfohlene Vergesellschaftung mit dem Rotkehlanolis (*Anolis carolinensis*) ist meist von erheblichem Nachteil für beide Arten. Auch wenn sich die Tiere äußerlich sehr unterscheiden (*A. sagrei* hochköpfig, *A. carolinensis* langköpfig) und wenn auch ihr Verhalten stark differiert, so sind die Probleme vorprogrammiert. Beide Arten haben zwar ähnliche Ansprüche an Temperatur und Luftfeuchtigkeit und gelten als sehr anpassungsfähig, doch gehen sie sich im Biotop aus dem Weg. *Anolis carolinensis* wird von *A. sagrei* auf höhere Bereiche im Biotop verdrängt. Da die bewegungsfreudigen Anolis im eingeengten Lebensraum eines kleinen Terrariums ohnehin schon kaum ihr natürliches, arttypisches Verhalten zeigen können, entsteht durch Vergesellschaftung mit anderen Anolis-Arten oder auch anderen Echsen für alle Tiere eine Dauerstresssituation. Diese kann zu verschiedenen Mangelzuständen, Krankheiten und auch zu einer Legenot führen.

Gerade Großterrarien reizen durch ihr vermeintliches Platzangebot zur Vergesellschaftung. Sieht man aber, welchen Raum die Anolis in der Natur nutzen, so muss man sich im Klaren sein, dass eine Gemeinschaftshaltung im Terrarium, egal welcher Größe, nur einen Bruchteil dieses Platzangebotes zur Verfügung stellen kann; auch andere Terrarienbedingungen sind immer eher Kompromisslösungen. Weitere Terrarienbewohner mit anderen Bedürfnissen können dann kaum noch im gleichen Becken artgerecht untergebracht werden.

Viele Terrarianer sprechen dennoch von ausreichenden bis guten Erfolgen bei der Vergesellschaftung. Wenn Sie diesen Weg unbedingt gehen wollen, dann sorgen Sie zumindest dafür, dass genügend Ausweichbecken zur Verfügung stehen, um die Tiere bei Anzeichen von Problemen sofort trennen zu können.

Eine Vergesellschaftung kann jahrelang scheinbar gut funktionieren, bis eines Tages ernst zu nehmende Schwierigkeiten auftreten.

Vergesellschaftungen mehrerer Arten, wie hier vom Bahama-Anolis mit dem Pfeilgiftfrosch *Phyllobates terribilis*, werden häufig probiert, bringen letztlich aber fast immer große Probleme mit sich und sollten, vor allen von Anfängern, unbedingt unterlassen werden. Foto: M. Bleisch

Freiluftaufenthalt

ZWISCHEN Mai und September bietet sich eine Freilufthaltung der Braunen Anolis an. Diese fördert die Gesunderhaltung der Tiere und bietet ihnen die Möglichkeit, durch die Sonneneinstrahlung mit natürlichem UV-Licht die allgemeine Konstitution zu verbessern. Als Behälter kommen einerseits aufhängbare Gazekäfige in Frage, wie sie auch zur Hälterung von Chamäleons genutzt werden (diese können im Fachhandel erworben werden), sowie Terrarienanlagen, die fest auf Balkon, Terrasse oder im Garten eingebaut sind. Hierbei sind aber einige wichtige Punkte zu beachten: Die luftige Beschaffenheit eines Gazekäfigs ermöglicht nur dann einen sicheren Freiluftaufenthalt, wenn das Wetter dieses zulässt. Bei starkem Wind, Dauerregen oder sehr nie-

WICHTIG!
Achten sie beim Selbstbau eines Freiluftterrariums darauf, dass auf der Sonnenseite genügend große Gazeflächen vorhanden sind. Im hinteren Bereich sind zugluftgeschützte Stellen vorzusehen. Es darf nicht vergessen werden, dass eine ausreichende Lüftung nur durch zwei an gegenüberliegenden Seiten angebrachte Lüftungsflächen möglich ist.

Altes, schon sichtbar ausgemergeltes Männchen des Bahama-Anolis. Regelmäßige Freiluftaufenthalte helfen, dass die Tiere im Terrarium ein hohes Alter erreichen. Foto: A. Fläschendräger

Zeitschriften

- REPTILIA
Terraristik-Fachmagazin,
erscheint sechs Mal jährlich
Natur und Tier - Verlag GmbH
An der Kleimannbrücke 39/41
48157 Münster
Tel.: 0251-13339-0
E-Mail: verlag@ms-verlag.de
www.ms-verlag.de

- DRACO - Terraristik-Themenheft
erscheint vier Mal jährlich
Natur und Tier - Verlag GmbH, s. o.

- Sauria
Terraristik und Herpetologie,
erscheint vier Mal jährlich
Terrariengemeinschaft
Berlin e. V., Bruno Treu
Christstr. 10
14059 Berlin
E-Mail: abo@sauria.de

- herpetofauna
Zeitschrift für Amphibien- und Reptilienkunde,
erscheint sechs Mal jährlich
herpetofauna Verlags-GmbH
Hans-Peter Fuchs
Römerstraße 21
71384 Weinstadt
Tel. 07151-600677
www.herpetofauna.de
E-Mail: info@herpetofauna.de

- DATZ - Die Aquarien- und Terrarienzeitschrift
erscheint monatlich,
Verlag Eugen Ulmer
Wollgrasweg 41
70599 Stuttgart
Fax: 0711-4507120
www.datz.de

Weibchen von *Anolis sagrei* Foto: Y. Klesius

Weiterführende und verwendete Literatur

BRUSE, F., M. MEYER & W. SCHMIDT (2003): Praxis Ratgeber Futtertiere. – Edition Chimaira, Frankfurt/M., 144 S.

BRUSE, F. & H. WERNING (2004): Futtertiere selber züchten – ein Problem? – REPTILIA, Münster, 9(5): 20–39.

BUNDESAMT FÜR ERNÄHRUNG, LANDWIRTSCHAFT UND FORSTEN (1997): Gutachten über die Mindestanforderungen an die Haltung von Reptilien. – Inhaltlich unveränderte Sonderausgabe der Deutschen Gesellschaft für Herpetologie und Terrarienkunde (DGHT) e.V., Rheinbach.

CAMPBELL, T.S. (2000): The brown anole, *Anolis sagrei*. – Institute for Biological Invasions. Invader of the Month. http://invasions.bio.utk.edu/invaders/sagrei.html (Stand: 08.2005)

ECHTERNACHT, A.C. (1999): Possible causes for the rapid decline in population density of green anoles, *Anolis carolinensis* (Sauria: Polychrotidae), following invasion by the brown anole, *Anolis sagrei*, in the Southeastern United States. – Anolis Newsletter 5 : 22–27.

FLÄSCHENDRÄGER, A. (1986): Zur Haltung und Nachzucht kleinerer Anolis-Arten. – elaphe 8(2): 21–25.

– (2001): Was sind Anolis und wo leben sie ? – REPTILIA, Münster, 6(1): 16–20.

– (2002): Beobachtungen an Anolis-Arten in den Cordillera de Guaniguanico, Provinz Pinar del Río, West-Kuba. – herpetofauna, Weinstadt, 24(138): 5–18.

FLÄSCHENDRÄGER, A. & L. WIJFELS (1996): Anolis. – Natur und Tier - Verlag, Münster, 207 S.

FRIEDERICH, U. & W. VOLLAND (1998) : Futtertierzucht. – Ulmer Verlag, Stuttgart, 178 S.

GERBER, G.P. (1991): *Anolis sagrei* and *Anolis carolinensis* in Florida: Evidence of interspecific predation. – Anolis Newsletter 4 : 49–53.

HENKEL, F.-W. & W. SCHMIDT (1997): Terrarien, Bau und Einrichtung. – Ulmer Verlag, Stuttgart, 178 S.

HESELHAUS, R. & M. SCHMIDT (1990): Karibische Anolis. – Natur und Tier - Verlag, Münster, 88 S.

KÖHLER, G. (1996): Krankheiten der Amphibien und Reptilien. – Ulmer Verlag, Stuttgart, 169 S.

– (1997): Inkubation von Reptilieneiern. – Herpeton Verlag, Offenbach, 205 S.

MOLLE, F. (1958): Über die Aufzucht von Anolis. – Aquarien-Terrarien 11(4): 119–121.

NIETZKE, G. (1984): Fortpflanzung und Zucht der Terrarientiere. – Landbuch-Verlag, Hannover, 237 S.

RODRIGUEZ SCHETTINO, L. (1999): The iguanid lizards of Cuba. – University Press of Florida, Gainesville, 428 S.

ROGNER, M. (1981): Zur Biologie des Braunen Anolis. – herpetofauna, Weinstadt, 3(11): 29–30.

ROUGHGARDEN, J. (1995): Anolis lizards of the Caribbean: Ecology, Evolution, and Plate Tectonics. – Oxford University Press, Oxford, 200 S.

SCHWARTZ, A. & R.W. HENDERSON (1988): West Indian Amphibian and Reptiles: A Checklist. – Milwaukee Publ. Mus. Contr. Biol. Geol. 74, 264 S.

– (1991): Amphibians and reptiles of the West Indies: descriptions, distributions and natural history. – University of Florida Press, Gainesville, 720 S.

VINCENT, T. (1999): The competitive impact of *Anolis sagrei* (Sauria: Polychrotidae) on the reproductive output of *Anolis carolinensis*: an enclosure study. – Anolis Newsletter 5: 114–122.

WILMS, T. (2004): Terrarieneinrichtung. – Natur und Tier - Verlag, Münster, 124 S.

NTV

Terrarieneinrichtung

T. Wilms

128 Seiten

181 Abbildungen

Format: 16,8 x 21,8 cm

ISBN 3-931587-90-8

19,80 €

Anolis

A. Fläschendräger, L. Wijffels

208 Seiten

124 Abbildungen

Format: 16,8 x 21,8 cm

ISBN 3-931587-04-5

34,80 €

Karibische Anolis

M. Schmidt, R. Heselhaus

88 Seiten

49 Fotos und Zeichnungen

Format: 12 x 18 cm

ISBN 3-931587-05-3

9,80 €

Fordern Sie unseren kostenfreien Gesamtprospekt an!

NTV Meerwasseraquaristik · NTV Terraristik · NTV Wissenschaft · NTV Reise · NTV Garten

Natur und Tier - Verlag GmbH

An der Kleimannbrücke 39/41

48157 Münster

Telefon: 0251-13339-0 · Fax: 13339-33

E-Mail: verlag@ms-verlag.de · Home: www.ms-verlag.de

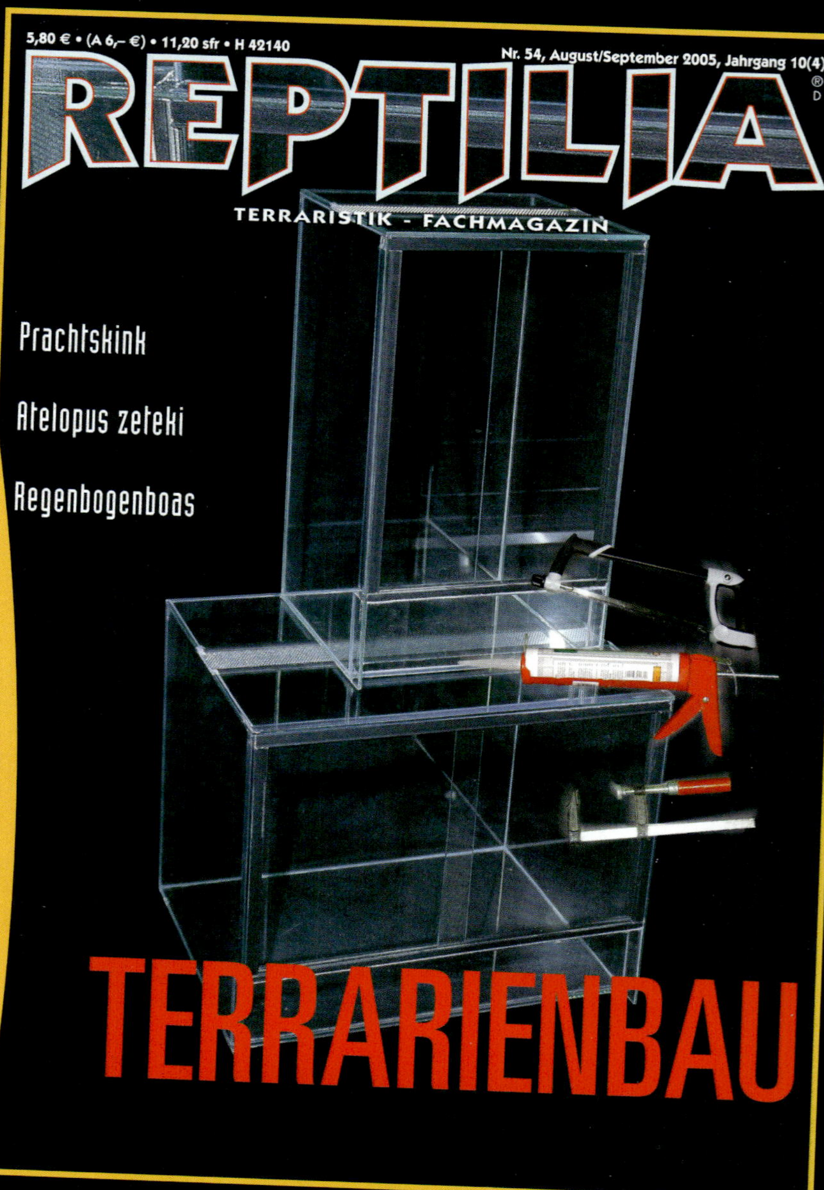
5,80 € • (A 6,– €) • 11,20 sfr • H 42140
Nr. 54, August/September 2005, Jahrgang 10(4)
REPTILIA
TERRARISTIK - FACHMAGAZIN
Prachtskink
Atelopus zeteki
Regenbogenboas
TERRARIENBAU